奇妙的太空生活

李珊珊　胡　瀚　编著

吉林出版集团有限责任公司

前言

　　地球孕育了无数的生命，包括人类在内。它是我们的母亲，我们的家园，也是我们永远的归属。但是当人类开始思考，开始仰望天空，就很快意识到这个星球并不是世界的全部。我们脚下的土地不是永远无法摆脱的束缚。在几千年前，我们的祖先虽然可能并不知道地球真实的样子，知道宇宙究竟是什么，从哪里来，但是这并不妨碍他们有着自己的幻想和假设。而在那个时候，他们就已经开始想象在地球之上、云端之上，在浩瀚的星空中，也有和人类类似的生命存在。而这一切，都注定了在将来的某一天，我们人类能够真正地摆脱地球，进入更广阔的空间之中。

　　在之后的几千年里，人类确实一步步地走出了地球，迈向太空。一开始，我们的祖先只是通过各种观察，发现地球只是宇宙中一个并不算太特别的星球。后来，聪明的科学家真正了解了地球是什么样子，怎样在宇宙中运动，有什么规律。接着，工程师们建造出宇宙飞船，将一些人真正送到太空中进行探索。

　　走出地球、迈向宇宙，这个诱人的梦想正在一步步实现着。那么为什么人们想要去太空中生活呢？太空生活究竟是怎样的？未来我们能不能都离开地球，到太空中生活一段时间，甚至住在另一个星球上呢？读完这本书，也许你就会有所了解了。

目录 CONTENTS

01

中国的飞天文化 ①

像鸟儿一样自由自在地飞翔，是人类自古以来的梦想。而在将人类送上太空之前，能脱离地球引力，进行大气层内的载人飞行是第一步，也是梦想的起点。

神话与传说

自古以来，人类就有飞上天际，甚至住在天空之上的向往和幻想。全世界各个国家和地区，都流传着许多古代神话。而这些神话中的一些人物，比如中国的神仙，都不是居住在地球上，而是生活在半空中，甚至是更遥远的宇宙中。神话人物是古人想象出来的，神话故事也大多是古人编造出来的。

古人在想象人物和故事的过程中，将自己的现实生活和一些美好愿望，都投射到其中。所以，神话传说中的许多细节，都从一个侧面反映了当时人类的意愿和对世界的认识。其中古人想象的神仙多住在

中国航天之文化

清代晚期的屏风，上面描绘了仙人们共赴西王母蟠桃寿宴的景象。从画中可以看到，人们当时幻想的神仙都是踏着云彩、住在天上的 ©香港大学博物馆和艺术画廊

深山之上或云端之上的仙宫，远离地面。这就隐隐说明了人们希望能脱离地面的束缚，飞上天际的向往。

嫦娥奔月

　　嫦娥奔月是中国著名的神话传说之一。许多小孩子都知道这个故事。故事中，王母娘娘赐予嫦娥的丈夫后羿一枚仙药，吃下就能成仙。而嫦娥为坏人所迫，吃下了这颗仙药。她果然飞上了天际，一直飞到了月球上，从此居住在月宫里。那里还有玉兔陪伴她。

　　可以说，神话故事中的大部分情节都是想象的。比如月宫、王母娘娘、仙药、玉兔、吴刚等。但是这个故事对中国人的影响非常深远。在中国航天事业发展的今天，我们将航天器命名为嫦娥号，将月球车命名为"玉兔"，正说明了这一点。

月亮上的殿宫

　　因为月亮是距离地球最近的地外星球，相比太阳光芒万丈，让人不能直接观察，月亮的光芒则比较柔和。很多时候我们仰望天空，都能看到明亮的月球表面深浅不一的图案。经过科学家的研究和探索，现在我们所看到的这些深浅不一的图案，是月球表面地形变化的结果。但是在过去，古人就会根据这些图案，展开各种想象。比如在世

《嫦娥奔月》，任率英绘

界上的许多文化中，都流传着月球上有玉兔的传说。这是因为，月球朝向地球的那一面，有一些暗区。这些暗区的形状看起来就像一只长着长耳朵的大兔子。

在中国古代的神话传说中，这只兔子叫作玉兔。月球上除了玉兔，还有一个叫吴刚的神仙。据说他得罪了炎帝，被罚到月球上的月宫里砍伐桂树。因为这种树十分神奇，一边砍伐，一边会生长愈合，所以砍伐将无休无止。

月球表面的暗影看上去好像一只兔子。旁边的方形团，被想象成玉兔的捣药钵。人们想象玉兔陪伴着嫦娥在月宫捣药

唐代铜镜，上面绘制了嫦娥、捣药的玉兔、
蟾蜍以及月桂树。这是古代人类想象的月宫
中的景象

　　科学研究告诉我们，月球上并没有空气，温度和环境也不适合人
类生存，那是一个与地球完全不同的荒凉的地方。但是古人认为神仙
是可以住在上面的。这无疑表达了古时候人们脱离地球、进入太空的
梦想。如今，人类已经成功登月，于是开始想象和策划以科学的方式
在月球上生活。过去的神话传说也许有一天真的会成为现实。

历史上的 "飞行者"

在人类的历史上，不论古今中外，都有一些富有远见、创新和大胆的人尝试飞上天际。他们或者使用简单的工具，让人可以在空中停留一段时间；或者使用复杂的设计，让人腾空而起。虽然可能碍于知识的限制，有些研究和努力以失败告终，但是他们都是人类飞行事业的先行者。

风筝的发明

在中国古代，有一个叫鲁班的著名工匠、发明家。他生活在公元前500年左右，距今有两千多年。鲁班非常聪明，心灵手巧，是现代土木工匠的祖师。传说他发明了风筝，也有人认为风筝是其他人发明的，但时间都是两千年前。在这之后，有一些著作和史料记载了风筝载人的故事，比如《魏书·献文六王下·彭城王勰传》中，记载了元氏家族众人乘坐风筝逃命，避免被皇帝滥杀的故事。

史载："世哲从弟黄头，使与诸囚自金凤台各乘纸鸱以飞，黄头独能至紫陌乃堕。"

——《魏书·献文六王下·彭城王勰传》

山东潍坊的鲁班塑像，可以看到他身后的风筝　© Rolfmueller

木鸢、飞车

许多历史研究学者和考古学家认为，中国古代已经有了对于飞行器的想象和研究，甚至已经做出了一些实物。至少，古人对于利用空气让人体浮空已经有了初步的认识。

比如，中国古代有一种叫作木鸢的飞行器是用木头制成的，外形像鸟一样。它由技艺精湛的工匠制作，翅膀可以如鸟一般上下运动。传说它的上面可以乘坐一个人，带人飞上天。

更复杂一点的飞行器，见于《抱朴子》中记载的飞车。这一段记载，点出了飞车这种古代飞行器的大致形态和结构，是古人利用空气将重物或人托举起来的早期记录。

史载："敢问登峻涉险远行不极之道？……或用枣心木为飞车，以牛革结环剑，以引其机。或存念作五蛇六龙三牛，交罡而乘之，上升四十里，名为太清。太清之中，其气甚罡，能胜人也。师言鸢飞转高，则但直舒两翅，了不复扇摇之而自进者，渐乘罡气故也。"——《抱朴子》

达·芬奇的"飞行记录"

15世纪，欧洲文艺复兴时期有一位天才发明家、画家、科学家，他就是达·芬奇，是人类历史上少有的全才。他在绘画上有《蒙娜丽莎》《最后的晚餐》等杰作，他在天文学、医学、建筑学等领域也有杰出贡献。达芬·奇有一个记事本，上面写了许多关于飞行的文字。这些手稿有一部分，预言了有一天人类也会有"翅膀"，能飞上天空。比如他在一段文字中写道："像这样一种螺旋状的装置……如果用浆过的亚麻布制作，只要旋转得快，即可飞升到空中。"这似乎就是最早的螺旋桨飞机的飞行原理。

达·芬奇的肖像画

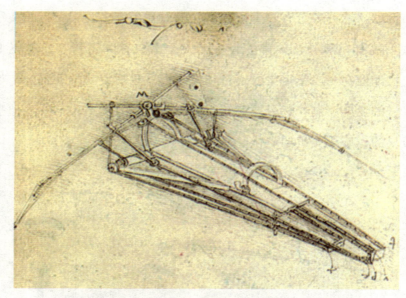

达·芬奇的手稿中，关于飞行装置的设计图

孟戈非兄弟和热气球

中国古代的灯笼，其实也是一种热气球。1783年，法国造纸商孟戈非兄弟在欧洲发明了热气球。他们进行了飞行表演。第一次没有乘客，热气球上只有一只羊、一只鸭子和一只公鸡。气球飞行了两千米，最高到两千米的高度。羊和鸭子活了下来，公鸡在着陆时胫骨骨折而死。第二次飞行在两个月后，这是世界上第一次成功的载人飞行。在这一次的飞行中，热气球上有两名乘客，一名是法国物理学家，一名是法国贵族。他们在20分钟的时间里飞越了八千米。

孟戈非兄弟当众演示热气球是可以飞起来的

进入太空

JINRU TAIKONG

　　从幻想到现实，几千年来，我们的先辈一代代地努力着。从早期的风筝模仿鸟的翅膀，到乘坐热气球飞天，再到飞机的出现，人类一步步向着飞天梦、航天梦前进。然而直到火箭和航天飞机技术的成熟，人类才真正能够彻底摆脱地球引力的束缚，进入茫茫宇宙，实现太空生活的梦想。

越飞越高的热气球

　　热气球飞行技术在人类的关注和努力下不断发展。它不但越飞越高，载重越来越大，还可以进行一定程度的控制飞行。而它的演变产物飞艇———一种巨大的充气飞行设备，它非常巨大，可以携带许多人飞行，并且可以在上面举行宴会。飞艇还带有螺旋桨动力装置，可以在一定程度上进行方向、起降等操作。

1935年，史蒂文斯上校乘坐热气球探险家一号飞到了2.2万米的高空。而现在，虽然随着商业飞机的发展，热气球飞行已经不再是人类飞行的唯一选择，但是仍有大量爱好者热衷于此。热气球还可以帮助气象学家、天文学家进行大气层内或近地太空的观察研究。

著名的齐柏林飞艇第一次飞行

飞机诞生

　　现代人对飞机并不陌生，对它的发明过程也津津乐道。莱特兄弟，即奥威尔·莱特和威尔伯·莱特是美国的发明家。虽然在他们之前，也有人尝试制造过类似的飞机或飞行物，但是莱特兄弟在1903年12月17日进行了成功的飞行，后人认为他们是现代飞机的发明者。因为他们制造的飞机有以下几个特征：重量比空气重、完全受控制、固定翼、附有机载动力等。

1903年12月，莱特兄弟成功进行了人类历史上第一次可控制飞行

奥威尔·莱特

威尔伯·莱特

从飞机正式诞生到今天，航空工业已经有了一百多年的发展历史。飞机已经成为我们日常生活中重要的一部分。但可惜的是，它并不能带我们进入太空，让我们体验太空生活。如果想达成这个愿望，我们需要飞得更快、更高，需要更先进的设备和强大的动力。

神奇的火箭

火箭是一种燃气推进装置。高速的热气流向后喷出，产生反作用力，使得航天器可以产生极高的冲进速度。一般来讲，火箭发动机的喷气速度和火箭的质量决定了火箭的飞行速度。我们知道，航天器或其他人造物体，是否能环绕地球在太空中运动，取决于它们的速度。也就是说，想要将更大更重的物体送入太空，火箭的推力就要更强大。

V-2火箭，是现代火箭的前身。韦纳·冯·布劳恩在战争期间的德国，带领研究小组进行研制和发射试验。

现代火箭的推力极大，可以将质量极大的物体送上太空。比如人造卫星、宇宙飞船等。它的出现，使得载人航空成为可能。人类将第一次真正进入宇宙空间。

载人航空

从第一个脱离地球引力的火箭冲破大气层，飞向宇宙空间，人类进入太空似乎不再是一个遥远的梦，而是有了实现的可能。但是仅

韦纳·冯·布劳恩和他的火箭研究小组。布劳恩是德国著名的火箭科学家。他对现代火箭的诞生起到了至关重要的作用。他一直坚信火箭能带人离开地球，进入太空并登陆月球。德国战败后，布劳恩带领他的研究团队来到美国，继续进行火箭研究。他领导研制了土星5号运载火箭，最终成功将人类送上月球。布劳恩开启了航天飞机的研究，因此被称为"现代航天之父" ©NASA

仅能脱离地球引力并不是科学家们的初衷。如何能让宇航员乘坐人造航天器进入宇宙空间，并安全返回，这是一个巨大的挑战。终于，在1961年，苏联的科学家将这一理想变为现实。

东方号计划

在现代航空航天史上，第一个成功进入太空并返回地球的人叫作尤里·加加林。他是一名苏联宇航员，也可以说是世界上第一名宇航员。1961年，他乘坐东方1号宇宙飞船飞上太空，环绕地球飞行了108分钟。为此尤里·加加林举世闻名。他的成功并不是一个人的成功，而是包括他在内的众多天文学家、航天科学家、工程师等人共同努力的结果，也是人类航天工业发展的结果。他的成功具有里程碑的意义。从这一刻开始，人类航天进入了崭新的、令人激动的时代。

1961年8月6日，苏联宇航员尔曼·蒂托夫乘坐东方2号升空，并在太空中停留了超过一天的时间。他成为第一个在宇宙中停留超过一天的人类。1962年，宇航员尼古拉耶夫乘坐东方3号宇宙飞船，在太空中停留了超过3天22小时。就在他进入轨道后的第二天，东方4号也进入太空。两艘飞船进行了同步飞行试验，为今后的飞船对接做准备。

苏联的东方号计划一次次挑战着人类太空飞行的极限。它不但证明了人类能够在太空中生活，也为今后人类宇航事业的发展奠定了坚实的基础。

印有尤里·加加林头像和签名的10卢布硬币。俄罗斯银行在人类第一次太空飞行40周年时发行

东方1号

水星计划

紧跟苏联的脚步，美国宇航局在1959年至1963年间进行了一个名为"水星计划"的航天飞行项目。这一项目是美国第一个载人飞行项目，并在1961年成功将美国海军军官、飞行员、宇航员艾伦·谢泼德送入了太空。他成为有史以来第二个进入太空的宇航员，也是第一个美国人。

美国宇航局的水星计划有条不紊地进行。1961年7月，宇航员格里森乘坐水星-红石4号进入太空。不过，他也仅仅停留了15分钟多一点的时间。主要确保控制和轨道计算技术可靠。

1962年2月20日，宇航员约翰·格林搭乘友谊7号飞船进入宇宙空间。他成为第一个到达环绕地球轨道的美国人。他一共在轨道上停留了4小时55分钟。

美国的载人航空在时间上晚于苏联，但是它的计划却更加细致而可靠扎实。每一次的飞行都完成了既定目标，并且为今后的航天飞行积累了丰富的经验。无论是苏联的东方号计划，还是美国的水星计划，都象征着人类的成功。从此，我们不再被地球引力所束缚，太空成了人类新的疆域。

1961年5月5日,水星-红石3号,即自由7号宇宙飞船发射升空 ©NASA

艾伦·谢泼德搭乘自由7号宇宙飞船进入太空。因为这一次飞行并没有设计为环绕飞行，所以他在太空中只停留了15分钟的时间。而且他没有真正进入环绕地球的轨道。 © NASA

1961年，美国军队从海上回收艾伦·谢泼德乘坐的返回舱。 © NASA

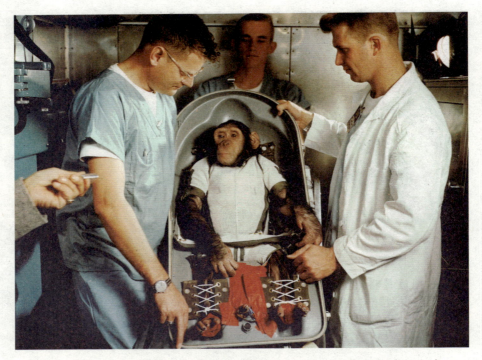

1961年，一只名叫汉姆的3岁的黑猩猩乘坐水星—红石2号飞船进入太空。
© NASA

登陆月球

　　成功进入太空并环绕地球飞行，只是人类太空探索的第一步。浩瀚的宇宙，有足够多的奥秘去探索和发现，而距离地球最近的地外星球——月球将是宇宙探索的第一步。

　　1969年7月16日，土星5号运载火箭携带着阿波罗11号发射升空。7月20日，人类有史以来第一次站在了地球以外的星球上。著名宇航员阿姆斯特朗和他的同事一起，踏上月球的表面，留下了属于人类的

阿波罗11号进入太空后，进入地月转移轨道。照片反映的是从太空俯瞰地球的景象 ©NASA

阿波罗计划中的一次点火试验 ©Mike Dorffler, NASA

脚印。

　　月球是一个陌生的世界。它的大小、质量、表面温度、大气成分都与地球完全不同。从阿波罗11号成功登陆之后，人类发射了许多有人或无人的飞行器，去探索这个近邻星球。

运载阿波罗11号的土星5号火箭发射升空的情景　©NASA

航天飞机

随着科技的发展，人类更加频繁地来往于太空和地面之间。传统的将载人飞船装在火箭里带入太空的方式，虽然价格比较低廉，但是不能重复利用。这样的载人飞船虽然可以载人载物，但是相对而言携带的东西较少。回收时，只能将返回舱带回地球，其他部分都留在宇宙空间，成为太空垃圾。比如之前讲到的水星计划。

为了解决这些问题，科学家们发明了航天飞机。它不但能运载更多的人和物品，将它们送入太空，还能部分地回收重复利用。此外，

处于发射阶段的航天飞机亚特兰蒂斯号　©NASA

奋进号航天飞机着陆时的情景　© NASA

航天飞机在太空中环绕地球运动的时候，可以停靠在国际空间站，宇航员可以进行空间站的建设和维修。它还可以"抓住"围绕地球运动的卫星进行维修，或将它们带回地球。

　　航天飞机与一般载人飞船最大的不同，就是它们在着陆时，不是掉到海里，等地面工作人员去回收，而是可以像飞机一样直接降落在跑道上。

　　经过反复的实验和研究，1981年4月12日，美国宇航局在肯尼迪航天中心进行了第一次航天飞机发射。美国一共制造了6架航天飞机，分别是企业号、哥伦比亚号、挑战者号、发现号、亚特兰蒂斯号、奋进号。其中企业号是试验机，其余5架飞机共进行过135次太空飞行。

艺术家绘制的水星计划中一个
载人航天器在宇宙中的情形

进入轨道

外部燃料箱分离
主发动机熄火

固体火箭推进器脱落

起飞发射　　　　　航天飞机的发射和返回

在轨运行

脱离轨道

再入大气层

降落

从左到右依次为哥伦比亚号、挑战者号、发现号、亚特兰蒂斯号、奋进号航天飞机。这是它们分别发射时的情景　©NASA

■ 航天飞机事故

相比较而言，航天飞机有很多优点，比如可以部分回收利用、能运载更多的人和物品、起飞着陆比较舒适、可以让科研人员经过少量训练顺利进入太空等。与此同时，它也存在不少问题：

第一，航天飞机的安全性较低，尤其是随着航天飞机的反复使用，机体老化，容易发生故障和事故。

1986年1月28日，挑战者号航天飞机发射升空73秒后，在半空中解体。机上7名宇航员全部遇难。挑战者号航天飞机一共进行过10次飞行任务　© Kennedy Space Center

2003年1月16日，哥伦比亚号航天飞机在执行STS-107号任务中发射升空的情形。2月1日，航天飞机结束将近16天的太空任务，在返回地球过程中解体　©NASA

2003年2月1日，哥伦比亚号航天飞机返回地球，在进入大气层时发生事故而解体，7名宇航员全部遇难 ©NASA

美国宇航局亚特兰蒂斯号航天飞机，最后一次发射返回后的欢迎仪式。在此之后，包括它在内的剩余三架航天飞机正式退役 ©NASA

亚特兰蒂斯号航天飞机于2011年7月8日，最后一次在美国宇航局肯尼迪航天中心发射升空。这也是航天飞机项目的最后一次发射 © Bill Ingalls

第二，航天飞机进行任务时费用非常高，每次发射必须载人。如果用来发射卫星，就非常浪费。

第三，相比来讲，如果发生危险，载人飞船有多种逃生手段，而航天飞机中的宇航员则很难逃生。一旦发生事故，就会酿成重大灾难。

　　随着航天飞机使用的时间越来越长，风险也在不断提高。在2011年，美国宇航局停止了航天飞机项目。从1981年到2011年，在30年的时间里，这一项目运载了大批的宇航员、科学家和物资进入太空，为国际空间站建设做出了巨大贡献。它是人类航天事业的里程碑，也是我们探索宇宙的重要一步。

未来设想

　　航天飞机的项目虽然停止了，但是人们并没有停止进入太空的梦想和努力。除了美国、苏联（俄罗斯）之外，中国也发射了宇宙飞船，将航天员送入太空中。全世界多个国家和地区，都在计划着未来的载人航天项目。而如何可以更加经济、便利地将人类送入太空，完成更多的科学任务，最大限度地探索宇宙，是每一个未来项目关注的焦点。

艺术家在2013年1月绘制的猎户座飞船在太空中飞行的景象。根据美国宇航局的计划，猎户座飞船可能于2017年正式进行太空飞行。可以看到，图中猎户座飞船后部携带自动转移飞行器，可以让其飞行得更远。科学家们希望它能够将人类带到火星上 ©NASA

猎户座飞船于2012年进行的一次坠落试验。猎户座返回舱携带着降落伞，被美国空军从高空抛下。这一次测试，主要是为了研究猎户座飞船尾部的气流扰动　©NASA

空间站

　　载人飞船或航天飞机虽然可以将人类送到太空中，但是并不能长久地停留在外太空。这些航天器内部空间狭小，存储物资有限，只能容纳几个人短时间地生活和工作。

　　为了能让人类在外太空生活更长时间，科学家和工程师们设计并建造了空间站。空间站是能长期在环绕地球的轨道上运动的人造航天器。宇航员在空间站里能生活一年甚至几年，有更充裕的时间进行科学研究。

国际空间站

1998年开始建造，至今仍然在轨道上运行的国际空间站，是最负盛名的空间站。它由包括美国、俄罗斯等多个国家的科学家、航天工程师、科研学者共同努力建造，并有来自十多个国家不同背景的宇航员、科学家进入空间站，进行太空探索和实验。它甚至接待过太空游客。迄今为止，国际空间站已经在太空中运行了6000多天，其中将近90%的时间有宇航员在里面工作。

中国的空间站

中国也有自己的空间站计划，叫作天宫计划。2011年9月29日，天宫一号发射升空。这是中国的第一个空间实验室，也是天宫计划中发射升空的第一个航天器。根据计划，在天宫一号在轨飞行的过程中，会有神舟号飞船进入太空与它对接。后续还将有天宫二号、天宫三号两个空间实验室被带入太空。三个天宫实验室组装在一起，将成为中国自己的空间站，可以供我国的航天员进行科学实验。

国际空间站与航天飞机连接在一起。正停靠在国际空间站的奋进号航天飞机位于图片上方
© NASA/Paolo Nespoli

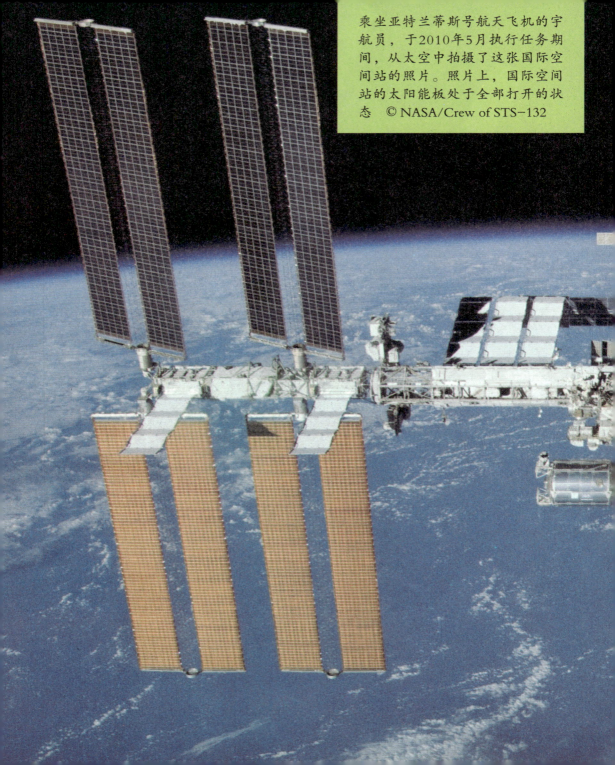

乘坐亚特兰蒂斯号航天飞机的宇航员，于2010年5月执行任务期间，从太空中拍摄了这张国际空间站的照片。照片上，国际空间站的太阳能板处于全部打开的状态 © NASA/Crew of STS-132

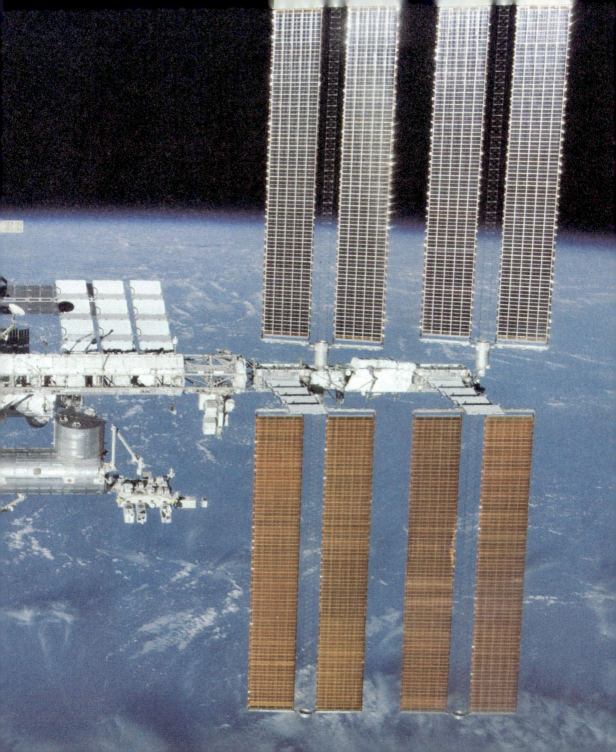

太空研究和生活

对于科学家和所有停留在太空中的宇航员来说，离开地球的时间是极其宝贵的。因为宇宙中充满了奥秘，让我们好奇和向往。

科学实验和研究

宇宙太空是一个非常理想的试验场所。它有着许多地球表面天然不存在的自然条件。比如，在宇宙中，没有大气层的保护，四周没有

加拿大宇航局的宇航员罗伯特·瑟斯克（右）和美国宇航局的宇航员凯文·福特正在控制国际空间站的加拿大臂。这时，发现号航天飞机正停靠在国际空间站 ©NASA

发现号航天飞机上，正在做临界电离速度实验，释放出一氧化二氮气体烟流 ©NASA

空气，处于真空状态。这种真空环境，是地球上最好的真空实验室也无法比拟的。

再比如在太空环绕地球做轨道运动，宇航员和他们携带的物体都会处于失重状态。有的科学家就会好奇，这种状态下植物、动物的生长会不会和地球上有所不同？

此外，宇宙中有许多辐射。比如在太阳光直射时有太阳辐射，其辐射强度比地球表面要强许多倍。科学家尝试将植物暴露在宇宙环境中，研究这些辐射会不会对它们产生影响。

太空行走

　　太空行走，或者叫作出舱活动，是宇航员在太空中生活研究的重要组成部分。顾名思义，它要求宇航员在地球的大气层之外，离开他们所乘坐的航天器进行各种活动，如拍照、修理、做实验等。

　　20世纪60年代，美国宇航局的科学家们为阿波罗计划中描述宇航员登陆月球的行动时，第一次使用了出舱活动这个概念。就像苏联发射了第一颗人造卫星、第一次成功将人送入太空一样，美国人第一次完成了太空行走，即出舱活动。1965年3月18日，宇航员阿列克谢·列昂诺夫乘坐上升2号进入太空。他一共离开了航天器12分钟，并没有进行任何方向控制。虽然太空行走的过程本身并没有什么困难，但是因为他的太空服在真空中膨胀起来，阿列克谢·列昂诺夫返回舱内时遇到了困难。他卡在了舱门处，最后只好减小了太空服内的压强，让衣服缩小一点才能进入舱门。这使得他在真空中的时间又多了12分钟。

第一个进行舱外活动的美国人——爱德华·怀特。照片上还可以看到他的照相机。爱德华·怀特在太空中飘浮了23分钟 © NASA/ James McDivitt

■ 做实验

美国宇航局在计划中最早使用舱外活动这个词，是为阿波罗登月计划服务的。因为在计划中，宇航员乘坐航天器在月球表面着陆之后，要离开保护他们的人造航天器，踏上月球表面。进行舱外活动，不但可以收集到各种月球表面的岩石、土壤标本，还可以进行科学实验。

在阿波罗17号任务中，宇航员哈里森·施密特登陆月球，并收集月球上的岩石 ©NASA

在太空行走较为成熟之后，经常会有几名宇航员一起离开航天器，进入宇宙空间。照片中反映的是在一次美国宇航局的任务中，3名宇航员进行太空行时走的情形。他们抓住了4.5吨重的国际通信组织卫星　©NASA

■ 修 理

远离地球的宇宙太空中，有许多不确定性。航天器进入太空之后，如果出现问题怎么办？比如空间站外的一个零件松动了，或者被小的太空物体，比如微小的太空碎石击中破损怎么办？

通常情况下，如果破损不是很严重，或者受到损害的模块不是关键部位，工程师们可能会暂时停止使用这一部分的功能。但是如果关键模块受到损坏，比如威胁到了空间站内宇航员的生存和工作，就必须进行修理。

宇航员皮尔斯·塞勒斯在某次飞行任务中进行的一次太空行走。这次太空行走主要为了验证航天飞机隔热板的修复技术 © NASA，
Astronaut Michael Edward Fossum

■ 挑战极限

　　太空行走不但可以帮助宇航员和科学家进行试验，完成太空中的各项工作，还能挑战各种极限。毕竟探索宇宙本身，对人类来讲，也是一种极限的挑战。在每一次太空飞行中，有时宇航员需要长时间停

　　1984年，宇航员布鲁斯·麦坎德利斯二世在太空行走中，使用载人机动装置最远飞离他乘坐的航天器挑战者号96米。他是迄今为止离开宇宙飞船距离最远的人　© NASA

留在舱外，有时要离开宇宙飞船比较远的距离。这些都是有一定危险性的行为。然而正是这些"危险动作"，让科学家们收集到了更多的资料和数据。

1997年，宇航员阿纳托利·索洛维约夫进行舱外行走，检查部件是否损坏。在此之前，米尔空间站的这一部件刚与进步号M-34发生了碰撞。而宇航员阿纳托利·索洛维夫也是目前世界上进行太空行走次数最多（16次）、累积时间最长（超过82小时）的人 ©NASA

■ 拍　照

地球表面有60多亿人，但是能进入太空，从地球之外欣赏宇宙空间景色的，只有寥寥可数的宇航员们。他们将太空中看到的美丽而奇特的景色，拍摄下来带回地球，让我们也能分享和欣赏那些特殊的美景。

一般在航天器里面，宇航员拍摄照片要受到航天器的姿态、窗户的位置和清晰度等外界条件的限制。但是当他们进行太空行走时，四周可以直接看到宇宙中的景色，没有任何阻隔。这时是绝佳的拍照机会。

宇航员在太空中自拍　©NASA

太空探索

　　探索宇宙空间，发现未知世界，解开不解之谜是宇航员最主要的目标之一。目前，人类所到达的距离地球最远的地方就是月球。而除了地球之外，长期有人居住的地方，是环绕地球转动的国际空间站。科学家通过将宇航员送入太空，可以进行很多在地球上无法进行的实验，从而积累大量的数据和资料。这些资料，不但能让我们更好地了解地球在宇宙中的地位，还能帮助我们在不远的将来探索更遥远的宇宙。

宇航员正在对阿波罗月球表面实验设备进行安装工作 　© NASA

宇航员正在月球上安装阿波罗月球表面实验设备。这一设备包含整套的科学实验装置。在阿波罗11号首次登月之后，接下来的5次登月中，宇航员都在登陆地点附近安装了这一设备。它可以在宇航员离开月球之后，进行长期的实验并向地球传送数据 ©NASA

太空生活

宇航员特里正在太空中制造一个泡沫　© NASA

美国宇航局的宇航员卡迪·科尔曼和机器宇航员2号合影。机器宇航员是人形的宇航员帮手，它安装在国际空间站命运号实验舱中　© NASA

宇航员斯科特在国际空间站上的起居间　© NASA

■ 起居间

在太空中，宇航员有自己的狭小空间。他们可以在这里休息，放置个人物品，或者进行研究工作。

■ 宇航食品

太空中环境特殊，为了能让宇航员更好更健康地生活和工作，他们吃的食物必须经过精心准备。从食物的配方种类，到制作方式和包装方式，都颇费心思，与普通食物大有不同。

因为在太空中失重的环境，普通食物一打开就会到处飘散，无

苏联宇航员食用的宇航食品

法食用。1961年，尤里·加加林在环绕地球运动时，午餐吃的是三管包装得和牙膏一样的食物当作午餐。其中两管是肉泥，一管是巧克力酱。

1961年，苏联宇航员戈尔曼·季托夫成为人类历史上第一个患上航天运动病的宇航员。这是由于载人航天器沿环绕地球轨道运动时，刺激人体产生的综合病症。症状可能有恶心、呕吐、出冷汗等。季托夫也是第一个在太空中呕吐的宇航员。他的经历让科学家意识到宇航员在太空中保持身体健康的重要性，而宇航食品对宇航员提供必要的营养起着至关重要的作用。

早期的宇航食品种类少，口味也不好，只能保证宇航员最基本的营养需求。但是随着进入太空的宇航员越来越多，营养师们也研究发明了更多的食物种类。宇航食品可以分为以下几类：

在训练中，三名宇航员在模拟的太空实验室房间里，食用宇航食品
© NASA

1.饮品——营养专家将冷冻干燥的饮料，如咖啡、茶、柠檬汁、橙汁等装在真空密封的袋子里，供宇航员根据自己的口味选择饮用。

2.新鲜食物——包括新鲜的水果、蔬菜和玉米饼。这些食物会很快腐败，不能长期保存，所以需要在太空飞行前两天食用。

3.消毒肉——用电离辐射消毒的牛排，可以保持食物的新鲜。

4.适度湿润的食物——这种食物包含一点水分，不会快速腐败。

5.自然形式的食物——通常是市场上出售的坚果、饼干等。

6.可再水化的食物——这种食物通过脱水、干燥之后可以长期保存，食用的时候，只要再加入水就可以恢复原貌。

7.延长保质期的食物——比如烤饼、面包等，有些食品的保质期可能达到18个月。

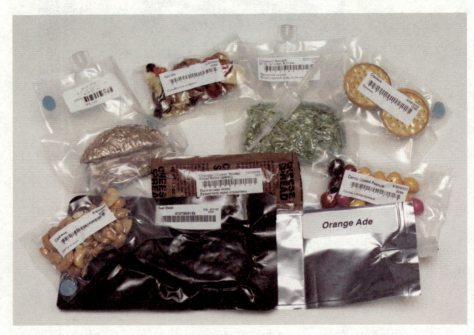

国际空间站上提供的各种袋装休闲食品、脱水食品　©NASA

宇航员

　　无论将多少航天器送到太空中，收集了多少数据，拍了多少照片，也永远比不上将人类送上太空时的惊心动魄。载人飞行总是牵动着航天爱好者和天文爱好者的心。而能进入太空进行实验工作并生活的人往往被世人所关注，他们就是宇航员。

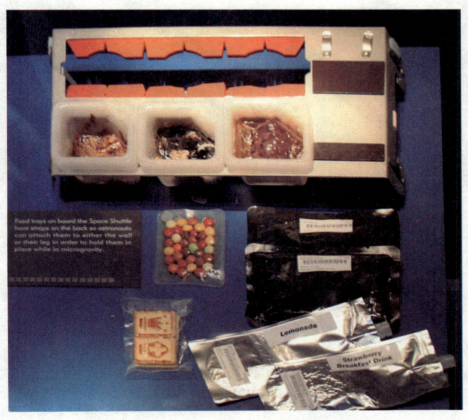

航天飞机上使用的食物托盘。图中是陈列在佛罗里达州宇航员名人堂中的展品　©RadioFan

宇航员布鲁斯·麦坎德利斯二世在一次太空行走中，前所未有地远离航天器。他携带的载人机动装置让他可以在宇宙中较为自由地移动。 ©NASA

宇航员大多经受过系统全面的人类太空飞行训练。其中有的可以驾驶飞行器，有的是载人飞行的指挥官，还有的也许是某些方面的科学专家。现在，随着载人航天技术越来越成熟，一些艺人、政治家、记者、教师等各行各业的人也可以飞上太空，就连游客都可以参与其中。他们也可以被通称为宇航员。

航天和宇航员

宇航员这个称谓和载人航天分不开。世界上一些国家和地区对宇航员的认定略有不同，但大多以飞行高度为标准。比如，世界航空运动联合会（FAI）认定海拔高度超过100千米，即10万米的飞行叫作航天。这意味着乘坐飞行器超过这个高度的人才被称为宇航员。美国军方和美国宇航局会给超过10万米高度的飞行员授予宇航员徽章。有时，这个标准降低为8万米。

陆军宇航设备

搭乘宇航设备的陆军飞行员徽章

扩展阅读

世界航空运动联合会

　　世界航空运动联合会成立于1905年10月14日，是一个管理航空体育、航空航天运动世界纪录的组织。其中包括载人飞行的热气球以及所有人造飞行器，也包括无人驾驶飞行器。它的总部位于瑞士的洛桑。

苏联邮票。为了纪念人类历史上第一次载人飞行十周年和国家航天日而发行的。邮票是世界航空运动联合会（FAI）颁发给第一个进入太空的宇航员尤里·加加林的航空项目勋章。

宇航员要做什么

目前，宇宙飞行仍然是十分昂贵也是非常危险的活动。正是因为宇航员在太空中的时间有限，要做的事情却很多，所以每一分每一秒都十分珍贵。在宇航员进入太空之前，必须进行精心策划和设计，考虑到一切可能发生的情况及应对措施。而宇航员要做的事情也都要合理安排，提前预演，防止意外发生。

那么宇航员具体要做些什么呢？

日常活动

宇航员在太空中有很多日常活动，比如在舱内移动、检查各项设备、放置和整理舱内的各项器物等。这不仅能让他们生活的环境更好、更安全，还能保护航天器以及各种设备。

国际空间站内的宇航员正在关闭通往莱昂纳多永久多功能模块的舱门。
© NASA

宇航员正在为SpaceX公司的龙飞船返回地球做准备。　© NASA

■ 实验研究

宇航员在太空中要做的实验非常多，而几乎每一项实验，都是在之前精心设计和选择的，有着一定的重要性。比如有的实验是研究失重环境对人体器官的影响，有的则是利用失重环境或宇宙射线进行植物培育。

宇航员谢尔·林德格伦（左）和斯科特·凯利（右）收获了国际空间站的第一棵红生菜。在太空中种植并收获蔬菜、粮食，是长时间维持宇航员太空旅行所需食物的重要环节，也是将来飞向火星的必要准备工作 © NASA

■ 探索发现

宇宙太空对于人类来讲是一个充满神奇和奥妙的宝库。宇航员进入太空之后，有很大的机会发现地球上从来没有的新事物。他们是探索宇宙奥秘的先行者。

乘坐阿波罗16号登月的宇航员在月球表面进行月球探索。　©NASA

■ 休闲娱乐

当然，宇航员也不能一天二十四小时连续工作，也要劳逸结合。宇宙中的景色别致，在地球上无法看到，趁着这个机会拍拍照、看看景色就是最好的休息。他们甚至可以在太空中上网冲浪，将自己拍到的景色与全世界网友分享。

阿波罗17号宇航员哈里森·施密特站在
月球表面的一块巨石旁。　©NASA

2015年5月18日，正在国际空间站的宇航员斯科特·凯利在网上发布了从太空中拍摄的亚热带风暴"安娜"的照片 © NASA/Scott Kelly

怎样成为宇航员

■ 丰富知识

想要成为宇航员，或者仅仅是参与到航天项目中，必须有一个前提条件，那就是有足够丰富的知识。美国宇航员卡迪·科尔曼从中学开始，就接触了大量的化学等科学知识。在之后的大学、研究所，一直到博士毕业的过程中，都在不断积累知识。直到1992年，她被NASA选中，成为一名宇航员。在之后的宇航员训练中，她的知识仍

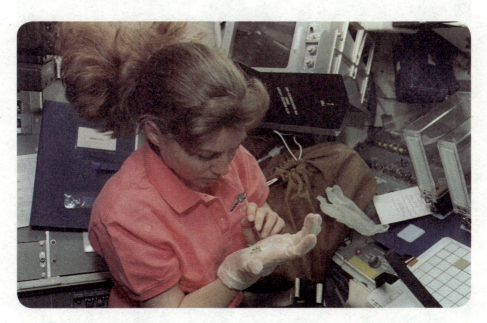

宇航员卡迪·科尔曼手掌上拖着一棵小鼠耳草。她正在哥伦比亚号航天飞机的驾驶舱内进行植物实验，这是研究植物在微重力环境下生长的实验之一 © NASA

然在不断扩展增加。

　　一般来说宇航员的主要学习方向可以是工程师、生物科学、物理学、数学等。学历要在本科以上，而硕士、博士学位对于成为宇航员非常必要。在参加宇航员筛选时，还需要通过一些考试。如果想作为专家进入太空，就更需要在自己的研究领域有所成就。

■ 身体素质

　　根据美国宇航局公开挑选宇航员的要求，要想进入训练项目，首

宇航员正在约翰逊航天中心进行模拟失重环境的水下训练。这可以让他们体验太空行走的感觉　©NASA

先必须有非常好的视力，血压稳定。其次还需要一定的身高条件，不能太矮，也不能太高。这些要求和挑选飞行员时的要求十分相似。

■ 宇航员训练

经过考试成为宇航员之后，并不意味着就能顺利进入太空。宇航员还要经过长达18个月的训练。其中包括学习如何驾驶飞机，体验失重环境，学习必要的知识，进行生存训练，等等。

一个宇航员正在位于休斯敦的美国航天局约翰逊空间中心的中性浮力实验室进行水下训练。在这种环境中进行模拟训练，可以让宇航员体验到太空中失重的感觉 ©NASA

吉姆·洛弗尔正在为阿波罗13号飞行计划进行训练。图中，他正在安装一个模拟的设备 ©NASA

宇航员训练

最初进入太空的宇航员，都是从各个国家军队的飞行员中挑选出来的优秀人才。他们有丰富的大气层内部飞行经验，身体健康强壮，反应迅速，飞行知识丰富。更重要的是，他们坚定而有毅力，能够在面对未知世界时保持冷静，完成既定任务。

宇航员的训练比较复杂，在太空飞行之前、飞行过程中和飞行结束之后的相关训练，都属于宇航员训练的内容。主要包括医学测试、体能训练、舱外活动训练、流程训练、康复疗程等。

身体训练

宇航员进入太空，起飞和降落这两个过程十分危险，对人体也会产生巨大影响。航空运动病和心血管疾病，都可能在这两个过程中发生。宇航员训练重要的一部分内容，就是如何避免疾病的伤害。

在挑选宇航员时，一些患有先天性疾病和可能会在飞行过程中发生危险的人已经被排除在外。但是即使是之前身体十分健康，也没有家族病史的人，也可能在飞行过程中突然发病。比如在飞行过程中，因为人体内的血液受到重力和人位置变化的影响，对心脏和体内器官产生压力，可能导致心血管疾病的发生。有一些疾病，甚至可能对宇航员产生永久性影响。当他们结束太空飞行回到地球之后，仍然饱受病痛折磨。

宇航员在太空中也要坚持进行身体锻炼，以防止长期的失重环境对人体产生永久性损伤　©NASA

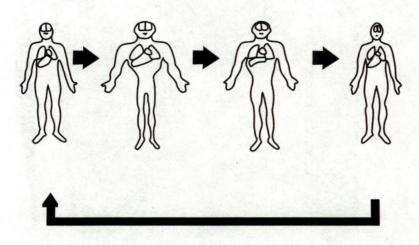

此示意图说明宇航员在执行太空飞行任务中，体内的器官位置发生的变化 ©NASA

■ 舱内训练

宇航员进入太空之后，要在人造的太空舱内生活几天甚至一年多的时间。他们必须了解自己生活的环境，熟知生活和工作需要的每一件物品在什么位置，如何保存。同时，也要学习太空船的一些构造和运行原理，目的是一旦临时出现故障时可以修理应对。

所以，宇航员不但要有强健的体魄，可以适应宇宙飞行的艰苦条件，还要有聪明的头脑、灵巧的双手。许多宇航员都有机械方面的大量知识，这样即便在远离地球的太空中，也能应对各种突发情况，保持太空舱的正常运行。

位于德国科隆宇航员中心的哥伦布模块训练仓内部照片。它是欧洲航天局用来训练宇航员熟悉舱内环境、了解太空舱构造的场所
© Ozzythewise

■ 外部事件

除了上述身体训练、舱内技能训练之外，宇航员还必须接受广泛而多样的其他训练。保证他们可以应对太空生活和工作中可能遇到的各种问题。比如，宇航员必须适应微重力，即失重的环境，了解在失重的情况下自身可能遇到的各种问题。

人类是群居生物。一般来讲，一个人无法长期独自生活在远离人群的地方。即使有足够的食物、水，有安全的环境，人类也需要与其他人进行交流互动。对于大部分人来讲，如果长期缺少这样的社会活动，就会产生一些心理变化，比如情绪低落、精神不振、容易做出错误决定等。这时，就会影响到宇航员正常的生活和工作，甚至导致危险的发生。而空间站内较为狭小的封闭空间，将宇航员限制在一定的范围内，很容易导致这种心理问题的发生。

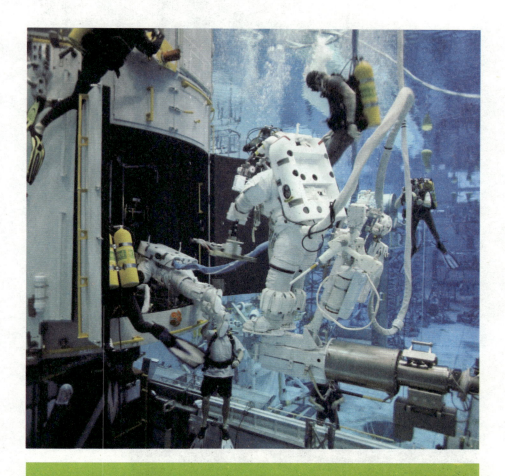

位于休斯敦的中性浮力实验室中，有一个置于水下的哈勃太空望远镜模型。宇航员正在上面进行训练，了解哈勃太空望远镜的结构。美国宇航局的工程师在一旁进行观看，保证其安全。　©NASA

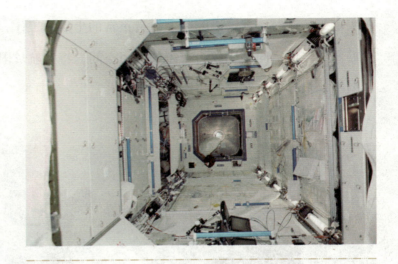

国际空间站上的命运号实验舱刚刚装配之后的情形。宇航员在太空中生活时，需要长期在这样的封闭、狭小的空间里。宇航员必须能适应这样的环境。这就需要宇航员在进入太空之前，进行科学的、有针对性的训练 © NASA

宇航员在约翰逊航天中心的系统工程模拟器上，进行航天飞机停靠国际空间站的对接模拟训练。 © NASA/
Houston Chronicle/Smiley N. Pool

■ 科学实验训练

在人类的航天飞行历史上，科学实验历来是非常重要的一部分。宇航员在执行任务进入太空之前，学习并练习如何进行计划的科学实验，熟悉实验流程、实验设备，了解必要的实验原理是十分重要的。

国际空间站最初是以科学研究为主要目的建设的，几乎每一个来到这里的宇航员，都要进行上百项各种不同的实验项目。因为在太空中的时间有限，宇航员必须有效地利用每一分钟时间，尽可能地进行更多的实验。

宇航员要进行的实验涉及生物学、人类生物学、物理学、天文学等领域。实验都是由地面上的专业科学家设计的。但是这些科学家不能亲自到太空中进行实验，必须由宇航员代劳。这就要求宇航员必须了解实验的每一个流程，注意细节，流畅而准确地在太空中完成实验。这对于宇航员来讲并不简单。因此，宇航员在进入太空之前，必要的训练是不可缺少的。

美国宇航局远征8号的指挥官和科学官迈克尔·弗勒正在检查命运号实验舱内的科学实验设备。 © NASA/Crew of Expedition

国际空间站上的希望号加压舱是最大的国际空间站模块。在它的侧壁上，有用来做外部实验的抽屉　© NASA/ISS

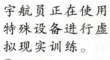

宇航员正在使用特殊设备进行虚拟现实训练。
© NASA

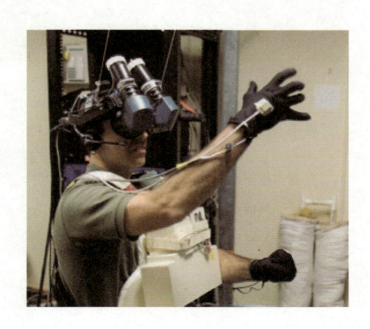

■ 其他训练

候选宇航员在参加宇航员训练时，要进行三天的野外生存训练
© NASA/L. Harnett

■ 各国宇航员训练

　　有能力将宇航员送入太空的各个国家或地区，都有不同的宇航员训练项目。具体项目各有不同，但都是按照各自国家的航天飞行项目针对宇航员的需要而设计的。

美国宇航局的宇航员埃利奥特，双子号备份机组的飞
行员正在墨西哥湾进行水下训练。　　© NASA

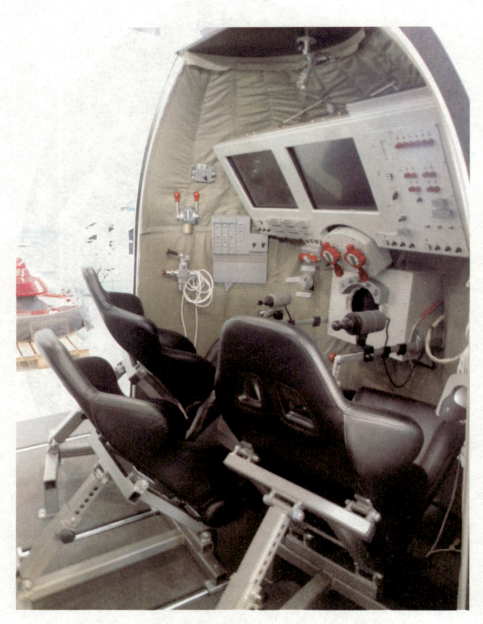

德国科隆展出的联盟号训练舱　© Ozzythewise 署名分享

俄罗斯的尤里·加加林宇航员训练中心。这里陈列了所有苏联和俄罗斯主要的航天器复制品。其大小与实际相同

太空生活的条件和风险

　　人类生存对环境的要求很高，需要适宜的温度、压力，需要空气和水。而这些条件在地球以外的宇宙空间里都不具备。所以，宇航员要进入太空，首先要面对的，就是如何维持最基本的生存要求。

外太空的条件究竟有多恶劣

根据实验研究，人类在温度为0℃的水中，可以坚持15分钟，10℃时可以坚持30分钟。这可能是人类能忍受的最低温度。而有记录的人类能忍受的能呼吸的最高温度，是116℃。然而在71℃时，最能适应环境的人恐怕也只能坚持1个小时左右。当然，人体对温度的适应，与外界湿度有很大关系。如果空气中比较潮湿，即使温度只有29℃，我们也会感觉闷热。

那么外太空的温度是多少呢？由于宇宙太空中没有大气层的缓冲和保护，被太阳直接照射时，温度可能高达500℃。而当太阳照不到时，温度瞬间下降，降到-200℃，甚至接近绝对零度，即-273.15℃。从这一点就可以看出，人类是绝对无法在这种环境中生存的。

扩展阅读

太空中除了温度非常极端之外，压强也不适宜人类生存。平时我们感觉最舒适的环境里，常年有着一定的空气压力。地球表面的大气压，是一标准大气压，约为101.325千帕。而在太空中，环境为真空，几乎没有压力。人类无法承受这样的环境。所以如果进入太空，必须停留在加压的太空舱，或者穿着太空服。它们都是宇航员在太空中生存的重要保障。

2000年，亚特兰蒂斯号航天飞机拍摄的国际空间站照片。图片中包含曙光号（上）太空舱和团结号（下）太空舱 ©NASA

■ 加压太空舱

当宇航员进入太空后，大部分时间都停留在航天飞机或空间站中。这些密闭的人造舱体内，能提供氧气、水和其他保证人类最低生存标准的条件，维持人类的生命。

国际空间站里有很多能让宇航员在其中生活的加压太空舱。空间站有生命维持系统，即国际空间站环境控制和生命维持系统（ISS ECLSS），它可以为太空舱内提供氧气，保持适当湿度和温度，还可以为宇航员提供生命必需的水。

国际空间站曙光号功能货舱是一个加压舱，宇航员不仅可以在里面正常呼吸并生活一段时间，还可以进行科学研究和实验。图中的宇航员正在搬运一个IMAX照相机。　　©NASA

宇航员在国际空间站宁静号节点舱内工作的情景 © NASA

国际空间站内使用的生命维持系统的复制品。 © NASA

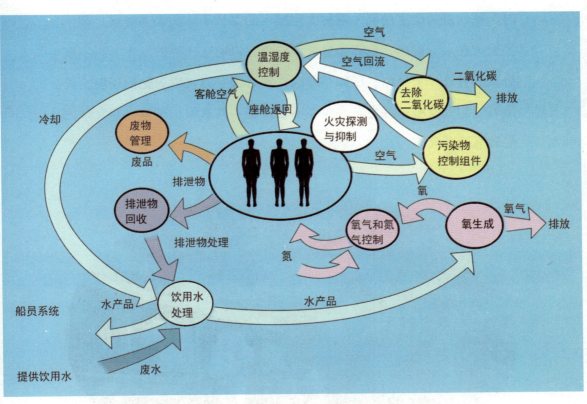

国际空间站环境控制和生命维持系统的流程示意图　©NASA

■ 太空服

　　虽然加压太空舱可以保证宇航员的基本生活，也可以让他们进行科学研究，但是有时候宇航员必须离开太空舱，进入宇宙空间。这时，他们就需要宇航服（或称太空服）的保护了。而很多时候，即使宇航员在太空舱内，也需要穿着太空服，以防止意外的发生。当宇航员登陆另外一个星球，比如月球时，都必须穿着可以为他们保温、提供氧气的太空服。总之，太空服不仅仅是一件衣服，更是一套复杂的生命维持系统。

美国宇航局第STS-116号任务中，宇航员小罗伯特·柯宾（左）和欧洲空间局宇航员克里斯托弗·富格莱桑（右）进行舱外活动时的照片。背景分别是地球上新西兰南岛（左）和北岛（右）　©NASA

国际空间站的宇航员爱德华·M.芬克穿着俄罗斯的海鹰太空服，进行舱外行走。 © NASA

宇航员穿着双子座G3C型号太空服。这种太空服由六层尼龙和诺梅克斯材料、一层水循环管道和最外层的白色诺美克斯织物组成 © NASA

针对使用目的不同，太空服主要分为三种，即舱内活动（IVA）太空服、舱外活动（EVA）太空服、舱内（舱外）活动（IEVA）太空服。

舱内活动太空服主要用于宇航员在加压舱内时穿着，因此较为轻便舒适。它不需要内部加压、提供氧气等复杂系统。

舱内（舱外）活动太空服，因为要支持宇航员出舱活动，所以有更多的保护措施。比如它可以在微小太空陨石的撞击时保护宇航员，也可以维持宇航员的体温。比如供美国宇航员在发射、舱内活动、着陆时穿着的双子座太空服，就属于舱内（舱外）活动太空服。

舱外活动太空服，顾名思义，是完全为进行舱外太空活动（如太空行走）而设计的。它可以帮助宇航员抵挡几乎所有可能带来生命威胁的太空事件，比如太阳辐射、微小太空碎片的撞击等。它还可以让宇航员自行在太空中短距离移动。美国宇航局1981年投入使用的舱外移动单元（EMU），就是这种太空服。

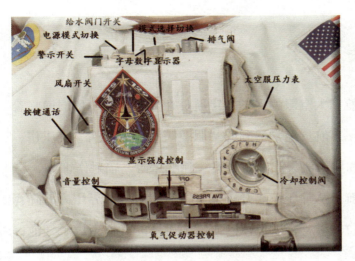

给水阀门开关
电源模式切换
模式选择切换
警示开关
排气阀
字母数字显示器
风扇开关
太空服压力表
按键通话
显示强度控制
音量控制
冷却控制阀
氧气促动器控制

EMU宇航服的指令模块　© NASA

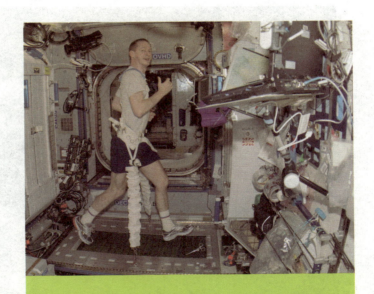

欧洲航天局宇航员弗兰克·德温纳，正在和谐号节点舱内的科尔伯特跑步机（联合操作负载外阻跑步机）上进行运动。为了保持健康，宇航员必须每天坚持进行运动。　© NASA

■ 太空疾病

即使有太空舱和太空服的保护，宇航员在太空生活中依旧面临着许多危险和挑战。宇航员经常遇到的"职业病"有减压病、气压伤、免疫缺陷、骨骼和肌肉流失、视力丧失、睡眠障碍、辐射伤害等。

减压病是宇航员从加压舱离开进入宇宙空间时，外界压力下降容易引起的疾病。病发时，宇航员体内血液中溶解的气体变成了气泡，可能威胁生命。

美国宇航局中性浮力实验室的减压舱，可以用来治疗减压病。© Mike

气压伤是指外界压力急剧变化时，对人体造成的物理伤害。

骨骼和肌肉流失是指宇航员长期在宇宙空间中，身体处于失重状态，许多器官，如肌肉、骨骼不再像人在地球表面那样需要支撑人体的重力。于是骨骼可能不再坚硬，肌肉变得乏力。

宇航员在太空中，不会体会到与地球表面一样的昼夜变化，没有日升月落。这就使得一些宇航员可能会有睡眠障碍。

大约四分之三的宇航员都会患航天运动病。包括苏联东方号飞船、美国阿波罗号飞船、天空实验室等航天器内的宇航员，在飞行过程中都或多或少有过航天运动病的症状。一般来说，经过几天的飞行，宇航员会适应太空环境而不再出现症状。当然，科学家也研究了一些通过运动训练和服用预防药物的方法，防止航天运动病的发生。

为什么要到太空生活 ③

　　许多科幻小说或影视作品中，经常会描写在未来的某一天，地球环境急剧恶化，或出现了全球性的大灾难，让人类无法再继续生存。人类如果不想办法渡过灾难，就只能离开地球，逃向宇宙。

　　虽然这只是人们的幻想，但却体现了人类对宇宙的一种向往和期盼。我们探索宇宙，也许就像几百年前，远古人类在熟悉了自己生活的山洞周边之后，大胆走远，去看看山另一边的情形一样；又好像是古代城邦开疆扩土，不断向外拓展，想知道在自己的国家之外有什么人存在，是什么样子；或者像当年的航海家驾驶海船，漂洋过海登上新大陆……

　　人类的历史，就是一部探索的历史。在过去，我们从来没有被自己生存的空间所限制，也没有因为不熟悉周边环境，就丧失了探索的勇气。如今，我们仍然保持着这份好奇心和勇气。

1967年11月9日凌晨，土星5号火箭正在肯尼迪航天中心静静等待着发射任务。这是它的第一次发射，携带着阿波罗4号 © NASA

了解宇宙，探索宇宙

　　地球是人类的家园，却只是茫茫宇宙中的沧海一粟。将人类送入太空，可以让我们更加了解地球之外的空间，同时更加了解自己所在的星球。

落日将地球染成闪闪发光的金色，背景中模糊的灰色团状是麦哲伦星云
© NASA

宇航员从国际空间站拍摄的地球上的日出。这样的景象在地球上是不可能看到的 © NASA

宇航员从太空中拍摄的地球照片，背景是宇宙中的繁星 © NASA

伯纳尔球体

　　伯纳尔球体，是一种想象中的太空居住区。这一概念最早是1929年由约翰·戴斯蒙德·伯纳尔提出的。

艺术家想象的未来太空中
人类可以建造生活基地。
© NASA/Rick Guidice

未来计划

  建造太空站，将人类送入太空，只是人类太空生活的起点。目前，我们已经成功登陆月球，进行了月球探索，未来科学家还计划将人类送上火星，甚至是更遥远的地方。如果可能，还可以在外星球建立基地，让一些人移居外星球生活。

艺术家想象宇宙飞船从外星球表面升空的景象。背景中的星球是土星 © DasWortgewand

立体红蓝视差图

图书在版编目（CIP）数据

奇妙的太空生活 / 李珊珊, 胡瀚编著. -- 5版. --
长春 : 吉林出版集团股份有限公司, 2017.4
（太空第1课）
ISBN 978-7-5581-1832-6

Ⅰ.①奇… Ⅱ.①李… ②胡… Ⅲ.①宇宙—青少年
读物 Ⅳ.①P159-49

中国版本图书馆CIP数据核字（2017）第060211号

奇妙的太空生活
QIMIAO DE TAIKONGSHENGHUO

编 者	李珊珊 胡 瀚	
出 版 人	吴文阁	
责任编辑	韩志国 王 芳	
开 本	710mm×1000mm 1/16	
印 张	8	
字 数	70千字	
版 次	2017年6月第1版	
印 次	2022年1月第2次印刷	
出 版	吉林出版集团股份有限公司（长春市福祉大路5788号）	
发 行	吉林音像出版社有限责任公司	
	吉林北方卡通漫画有限责任公司	
地 址	长春市福祉大路5788号 邮编：130062	
印 刷	汇昌印刷（天津）有限公司	

ISBN 978-7-5581-1832-6 定价：39.80元